VIE PRIVÉE

DE L'ABBÉ MAURY,

ÉCRITE

SUR DES MÉMOIRES

FOURNIS PAR LUI-MÊME,

POUR JOINDRE

A SON PETIT CARÊME.

Astutam vapido servas sub pectore vulpem.
Perse, Sat. V.

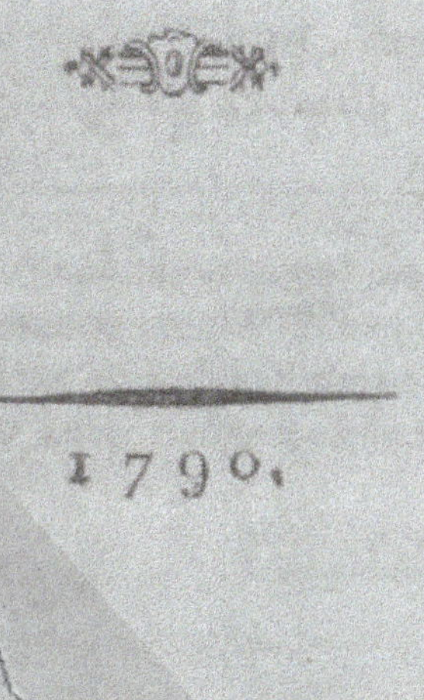

1790.

VIE PRIVÉE
DE L'ABBÉ MAURY,

ÉCRITE

SUR DES MÉMOIRES

FOURNIS PAR LUI-MÊME.

L'ORIGINE de M. l'abbé Maury est trop connue, pour que nous entrions dans de grands détails sur cet objet. Il est cependant de l'exactitude de l'histoire de ne point laisser échapper certaines particularités, qui distinguent presque toujours la naissance des grands hommes.

Grégoire-Crespin Maury, honnête savetier (1) d'un village de Picardie, et Jacque-

---

(1) Si quelque mauvais plaisant s'avisoit de s'amuser sur l'extraction de M. l'abbé Maury, qu'il se souvienne de ce que fut d'abord Sixte-Quint, qui fut pape, et aussi honnête homme que notre héros.

A

line la Pie étoient unis depuis quinze ans.
Ils désiroient encore un fruit de leurs chastes
amours. Ce n'est pas que Crespin Maury
imitât les maris du siècle, et que sa femme
eût à se plaindre de son indifférence ; ce n'é-
toit pas non plus qu'on pût révoquer en doute
la fécondité de Jacqueline la Pie ; mais
le ciel, en leur destinant un fils qui devoit être la colonne de l'église, le flam-
beau de sa patrie, et l'admiration de son
siècle, vouloit leur faire attendre long-temps
cet insigne bienfait. Au bout de quatorze
ans de mariage, impatiente de jouïr des
douceurs de la maternité, Jacqueline ins-
truisit son époux du vœu secret qu'elle
avoit fait, deux ans auparavant, d'aller en
pélerinage à *Saint Guignolin*.

Un historien ne doit point se refuser à
donner, en passant, une instruction honnête à son lecteur. Je dirai donc, sur-tout
en faveur des dames, ce que je sais de
Saint Guignolin.

Saint Guignolin, l'un des principaux or-
nemens de la légende, est célèbre par les
miracles sans nombre qu'il opère encore
de nos jours. C'est en Flandre qu'il est
principalement honoré. Les femmes infer-
tiles, les jeunes filles qui veulent cesser

de l'être, obtiennent également par son in-
tercession, les unes des enfans, les autres
des maris. Sa chapelle, où les pélerines
accourent en foule, est située dans un
bois épais et solitaire; elle est desservie
par un robuste Cordelier, dont le mérite
personnel n'est point étranger au culte du
saint. Desservir cette chapelle est une faveur insigne, qu'on n'accorde qu'à un père
destiné au rang de gardien ou de provin-
cial; cette desserte est, en un mot, aux
Cordeliers de Flandre, ce que l'agence
générale du clergé est à nos jeunes abbés.

Crespin-Maury s'opposoit d'abord au pélerinage de son épouse. Il objectoit l'éloi-
gnement des lieux, les inquiétudes d'une
longue séparation, la fatigue du chemin,
et l'incertitude du succès. Sa foi n'étoit
pas aussi vive, aussi fervente, que celle de
Jacqueline. Comment, disoit-il, un saint
de bois (1), par les patenôtres d'un gros

---

(1) Le saint est représenté nu dans la chapelle.
Les pélerines raclent avec un petit couteau attaché
aux reins du saint, une certaine partie, je ne dirai
pas laquelle :

Ma plume est chaste, et le sèxe est habile.

Elles avalent ensuite cette poussière.

Cordelier, et les supplications d'une femme, fera-t-il en un moment ce que je n'ai pu faire en quatorce ans de travail assidu ? Jacqueline répondoit à ces difficultés, en rappelant à Crespin la nécessité de donner des citoyens à l'état, coûte qui coûte (1); elle représentoit qu'une absence d'environ un mois ne pouvoit être regardée comme un obstacle raisonnable à ses desseins, et que toutes les fois qu'elle s'étoit fait dire son horoscope, on lui avoit prédit qu'elle auroit un fils qui joueroit un grand rôle dans le monde. Jacqueline mit d'ailleurs adroitement dans ses intérêts M. Prudhomme, maître d'école du lieu, dont la gravité s'égayoit souvent avec le vin du brave Crespin-Maury, qui payoit ainsi son amitié et ses conseils. Le pélerinage de Jacqueline la Pie fut décidé. Elle partit le 14 juillet 1749, époque remarquable pour les rapprochemens de l'histoire.

Crespin et Prudhomme la conduisirent jusqu'à quatre lieues, et l'abandonnèrent à la grace de Dieu et à la protection de Saint Guignolin, en la chargeant de toutes les bénédictions possibles.

---

(1) De bons citoyens, comme l'abbé Maury.

Tandis que Jacqueline la Pie cheminoit solitairement vers la Flandre, en chantant fervemment le cantique de Saint Guignolin (1), Crespin regagnoit sa boutique

---

(1) CANTIQUE DE S. GUIGNOLIN.

AIR *du cantique de Sainte Géneviève.*

Saint Guignolin, écoutez ma prière :
Le sort m'annonce un prodige pour fils ;
Mais un guignon m'empêche d'être mère ;
Vous seul pouvez adoucir mes ennuis.
    Faites miracle,
    Rompez l'obstacle ;
    J'attends de vous
    Un bienfait aussi doux.

Fi des plaisirs qu'en ce bas monde on goûte !
Il n'en est qu'un, c'est de faire un enfant :
Mais faire un saint vaut mieux encor sans doute,
Et ce bonheur m'est réservé pourtant.
    Bonté divine !
    De Jacqueline,
    Quand sera né
    Ce fils prédestiné ?

Oui, le bon Dieu bénira son ouvrage,
Et ce cher fils, si long-temps attendu,
Doit être un jour un fameux personnage,
Modèle en tout d'honneur et de vertu :
    A la manique
    Faisant la nique,
    Il deviendra
    Docteur, *et cætera*.

avec M. Prudhomme, qui employoit, pour le consoler, toutes les ressources de son éloquence et de l'amitié.

Qu'on ne s'attende point à trouver ici le journal du voyage de Jacqueline la Pie,

---

Si par bonheur il vit dans l'opulence,
Des pauvres gens il sera le soutien :
Quand d'un seigneur il aura l'importance,
Il sera franc et loyal citoyen.
  Ah ! qu'elle gloire,
  Mon cher Grégoire,
  Qu'un si beau fruit
  Sorte de notre lit !

Il n'est honneur où ne puisse prétendre
Un phénomène égal à celui-là :
Et m'est avis que pour avoir sa cendre,
Un beau matin on vous le brûlera.
  Le pape, à Rome,
  De ce grand homme
  S'ébahira,
  Le canonisera.

En implorant son heureuse assistance,
Les possédés du malfaisant esprit,
Les enragés et les gens en démence
En obtiendront un remède subit.
  Dans la misère,
  La France entière
  N'aura qu'un cri,
  Ce sera Saint Maury.

ni le récit des propos impertinens aux-
quels son absence donna lieu. Nous écri-
vons sérieusement l'histoire d'un grand
homme, et nous nous hâtons d'arriver à
l'instant de sa naissance.

Jacqueline, après avoir rempli son vœu,
quitta la chapelle de Saint Guignolin, le
matin du 28 Juillet. Le père Girofllée, des-
servant de la chapelle, l'accompagna jusqu'à la lisière du bois. L'air étoit pur et
frais, la mousse offroit un siége commode
et doux, le lieu étoit solitaire, le feuillage
épais; le père Girofllée donna à madame
Maury sa bénédiction, et, par une instruction vraiment féconde, mit le sceau
aux opérations cachées de la foi et de la
grace.

Crespin, brûlant de revoir son épouse,
venoit tous les jours au devant d'elle : il
interrogeoit les passans. On eût cru, à l'en-
tendre, que tous les voyageurs devoient
venir de Flandre exprès pour lui donner
des nouvelles de sa femme. Dans son im-
patience extrême (il étoit naturellement
très-vif), il envoyoit à tous les diables Saint
Guignolin et les pélerinages; enfin il étoit
sur le point d'aller lui-même en Flandre,
quand Jacqueline la Pie arriva.

A 4

Embrasser son mari, appeler de la boutique M. Prudhomme et toutes les commères du quartier, répondre à toutes les questions, raconter avec volubilité tout ce qu'elle avoit vu, offrir à une de ses amies un peu de cette poussière efficace qu'elle rapportoit; tout cela, malgré la fatigue, se fit en même temps. Crespin avoit tout oublié, humeur, inquiétude, chagrin; Jacqueline étoit de retour. Il se hâta, dès le soir même, de suivre l'avis que lui faisoit donner, par sa femme, le père Giroflée : *Aide-toi, le ciel t'aidera.*

Depuis près de quinze jours, Jacqueline faisoit attendre à son incrédule époux les effets de la grace; mais comme il se tuoit à force de s'aider, elle crut devoir lui annoncer que le miracle étoit consommé, et qu'elle étoit enfin grosse. Le village retentit bientôt de cette nouvelle. Crespin reçut les complimens d'usage; et comme il étoit plaisant, il répondoit : Je crois, pardié, qu'il y a beaucoup de Saint Guignolin là-dedans. Jacqueline, par piété ne le démentoit pas.

Une dévotion bien entendue avoit fait entreprendre à la mère Maury le voyage de Flandre ; sa crédulité l'engagea à ap-

peler, sur la fin de sa grossesse, la femme
d'un vieux soldat, qui passoit pour deviner l'avenir et tirer parfaitement les cartes.
Elle vouloit savoir si elle accoucheroit d'un
garçon, et quel seroit le sort de ce fils
désiré. La prétendue sorcière confirme à
Jacqueline toutes les prédictions qu'on lui
avoit déjà faites sur les destinées brillantes
de notre héros. Crespin, témoin de tout
cela, commence à croire à des évènemens
si souvent annoncés. Dans les transports
de leur joie, M. et madame Maury s'éver-
tuent pour trouver un parrain digne de
nommer un tel enfant. Crespin, homme
loyal et bon ami, prétend que Prudhomme
doit être choisi : Jacqueline, plus élevée
dans ses sentimens, parle beaucoup, s'a-
gite, s'emporte, et exige que son mari aille
tourner son chapeau à M. Auguste, valet
de chambre de M. de D...., seigneur du
lieu. Plusieurs jours s'écoulent en débats ;
les douleurs se font sentir (1), et l'ins-

____

(1) On sera peut-être surpris de trouver ici tant
de détails ; mais qu'on y réfléchisse, et l'on verra
qu'il étoit de notre devoir de faire sentir ainsi com-
bien il coûte d'inquiétudes, de soins, de peines,
pour attendre, concevoir et produire un homme
tel que l'abbé Maury. Un historien doit peindre.

tant de la couche est à la fois un moment d'alégresse , de douleur et d'étonnement , oui , d'étonnement , lecteur : patientez.

Pendant que Jacqueline étoit aux prises avec la sage-femme , et qu'elle se consoloit de ses souffrances par l'espoir de donner un nouveau Messie au monde , Crespin , dans sa boutique , consultoit , en mari sage , son Matthieu Lansberg , et calculoit scrupuleusement les lunes ; mais il eut beau compter , et compter encore par ses doigts , il ne trouva point le temps prescrit : une erreur de quinze jours confondit son incrédulité , en lui attestant le miracle de Saint Guignolin. La chose est claire , dit-il , mon fils doit être un grand homme , puisque la nature intervertit ses loix pour hâter sa naissance.

M. Auguste , valet de chambre du seigneur du lieu , et une tante maternelle , présentent le nouveau né à l'église : la mère le nourrit elle-même ; Crespin Maury s'admire dans cet enfant précieux ; M. Prudhomme déclare dès-lors qu'il se chargera de son éducation.

La mère Maury avoit fort bien choisi en prenant Auguste pour parrain de son fils. Le seigneur aimoit son valet de chambre , et déféroit même à ses avis presque autant qu'un

évêque défère à ceux d'un grand-vicaire qui
lui fait ses mandemens. Auguste vanta son
filleul, et dès qu'il eut quatre ou cinq ans,
il le présenta à son maître, qui ne dédaigna
pas de le recommander à l'honnête M.
Prudhomme. Cette recommandation ajouta
à l'extrême intérêt que le maître d'école
prenoit déjà au jeune Maury. Il n'eut pas à
regretter ses soins. Son élève crut rapide-
ment en esprit, en grace et en savoir; et si
le temps de sa première jeunesse n'oc-
cupe pas une place considérable dans notre
histoire, c'est que les actions éclatantes
dont sa vie est remplie sont en si grand
nombre, que nous sommes malheureuse-
ment restreints, à choisir parmi elles. Nous
n'omettrons pas, par exemple, l'aventure
qui lui arriva à l'âge de quatorze ans ; elle
fut le germe de sa grandeur et de sa répu-
tation.

Auguste ne perdoit jamais de vue l'intérêt et l'avancement de son filleul; il l'avoit
présenté à la sœur de son maître, veuve,
coquette, âgée de cinquante-cinq ans. Elle
demeuroit ordinairement à Paris, et étoit
venue passer la belle saison chez son frère.
Soyons brefs, et sautons d'ennuyeux détails, pour faire promptement jouir notre

héros de la première victoire que l'amour, d'accord avec la fortune, lui avoit préparée.

Son esprit très-précoce, très-délié, sa taille déjà robuste, une figure aimable et ouverte, cette fleur de jeunesse que rien ne remplace, lui soumirent sa nouvelle protectrice. Elle ne vit plus qu'un amant dans son protégé. Elle déclara hautement qu'elle l'emmèneroit à Paris : les talens transcendans qu'il annonçoit, ne devoient pas, disoit-elle, rester enfouis dans un village ; il falloit qu'il terminât ses études dans la capitale ; et, par considération pour Auguste, ajoutoit la douairière, elle se chargeoit de le placer dans un collége et de fournir à ses dépenses.

A cette nouvelle, M. et Mde. Maury nagent dans la joie ; Prudhomme, l'honnête Prudhomme regrette sincérement de se séparer d'un élève qui lui faisoit autant d'honneur ; Auguste se confond en remercîmens ; tous pleurent à l'instant fatal et désiré de la séparation. Le jeune Maury seul les console en leur représentant que ce voyage est le premier degré de sa grandeur future. Il déploie ses projets ; il rend compte de ses moyens ; il tait cependant les plus efficaces (ceux qui plairont le plus à sa protectrice,

et qu'une noble ambition découvre à notre
héros par un instinct inouï pour son âge) ;
il peint avec tant de force ses espérances et
ses succès à venir, que ses parens, Auguste
et le maître d'école admirent et rougissent
d'avoir pu s'affliger un instant.

Depuis environ cinq ans, le jeune Maury
jouissoit à Paris d'un sort digne d'envie. Il
avoit perdu, dans cet intervalle, sa mère et
son parrain ; mais sa protectrice, par ses
immenses bontés, avoit effacé le souvenir
de ces pertes : d'ailleurs sa raison, ses talens, son esprit s'étoient perfectionnés. La
reconnoissance et le besoin de réussir lui
faisoient amplement acquitter des dettes que
l'amour seul auroit dû payer. Rapproché,
par ses études, de plusieurs jeunes gens de
qualité, il s'étoit attaché particulièrement
à ceux qui portoient un grand nom et qui
devoient un jour posséder une grande fortune. Adroit, complaisant, souple et vraiment aimable, il étoit parvenu à leur plaire
et à les captiver. Il avoit arboré le petit col-
let. Ses dispositions extraordinaires, tant
morales que physiques, justifioient son
choix ; enfin on peut dire qu'il s'étoit déjà
frayé le chemin de la fortune : mais.......
le sort, qui toujours change, ne nous donne

jamais un bonheur sans mélange. Une mort
imprévue lui enlève sa protectrice. Ses jeunes amis l'accueillent encore quelque temps.
Il dissimuloit sa situation. Il est bientôt tel-
lement assiégé par la nécessité, qu'il ose
parler de ses malheurs. Alors on s'éloigne
en le plaignant, on l'abandonne entièrement.

C'est quand ils sont froissés par l'ambition
et la fortune, qu'on peut juger des hommes ;
et c'est aussi dans ce moment que notre héros justifie tout le bien que nous avons dit
de lui. Quoi, se dit-il, j'aurai, pendant cinq
ans entiers de ma jeunesse, brûlé avec pro-
fusion un encens précieux sur l'autel d'une
vieille idole que le temps a déjà renversé ;
j'aurai flagorné des fats que je méprise, pour
réussir à me tirer de la fange ; j'aurai porté
un pied hardi dans le sanctuaire, pour par-
tager les richesses de ses ministres ; j'aurai
flatté ma famille, mon pays et moi-même,
de l'espérance de ma brillante fortune, et le
premiers revers m'accableroit ! l'esprit, l'é-
loquence, l'audace ne me donneroient qu'un
vain ascendant sur les hommes ! Non, non ;
la fatalité qui me poursuit aujourd'hui, m'a
laissé, pour la vaincre sans doute, mon cou-
rage et mon ambition.

Le père Maury, instruit par hasard (car

son fils ne lui avoit point écrit) de la triste
situation de notre héros , lui écrivit alors :
« Mon fils , feu Jacqueline ma femme et
» vot' mére (devant Dieu soit son ame) ,
» m'a toujours contrarié quand je parlois de
» vous faire apprendre un bon métier , com-
» me qui diroit le mien ; M. Prudhomme et
» elle m'en ont toujours détourné , et j'vois
» ben , par la misére où vous v'là , que j'n'a-
» vois pas tort. Y faut donc vous décider à
» laisser là vot' latin et vot' thérologie , pour
» vous en r'venir tout droit à ma boutique.
» L'orniére est faite , c'est-à-dire qu'elle est
» achalandée. Vous n'allez que sur vot'
» vingtiéme année , il est encore temps ; je
» vous apprendrai l'état du métier , et vous
» soutiendrez la vieillesse de celui qui se dit
» pour la vie vot' père
» GRÉGOIRE-CRESPIN MAURY ».

Il ne nous est pas donné de peindre
la noble fureur qui transporta notre héros
à la réception de cette lettre. On l'imagine facilement , lorsqu'on connoît les sentimens élevés dont il fut doué dès le ber-
ceau. Il contraignit l'indignation dont il
étoit pénétré ; il supposa , dans sa réponse ,
qu'on avoit trompé son père , et ne s'oc-
cupa que des moyens de vivre , tandis qu'il
épieroit le retour de la fortune.

Le collége, où il avoit fini ses études avec beaucoup d'éclat, lui offrit aisément cette foible ressource. Il y fut employé comme tant d'autres, non à instruire, mais à garder les élèves ; et, quelque abject que fût ce métier, il ne le dédaigna pas, parce qu'il le mettoit à même de faire des connoissances nouvelles et utiles. Il y courtisa une foule de jeunes abbés ; mais il distingua particulièrement l'abbé de V**, qui faisoit sa licence. C'étoit un jeune homme aimable et spirituel, et qui auroit pu mériter l'archevêché dont il jouit aujourd'hui, s'il avoit profité de ses dispositions naturelles, et si le monde ne lui avoit pas gangrené le cœur. Le jeune Maury flatta sa paresse, et lui mâcha ses cahiers de licence. L'abbé de V**, recommandé puissamment à M. de Jar**, qui tenoit alors la feuille des bénéfices, étoit bien sûr, par son nom et par la protection de M. l'évêque d'Or**, de parvenir aux premières dignités de l'église ; mais il affectionnoit notre héros, et vouloit, dans le moment même, le servir efficacement. Ils en cherchoient ensemble les moyens. Le jeune Maury sentoit tout le prix de cette bonne volonté active, et il n'oublioit aucune des

ressources

ressources connues pour l'entretenir et pour l'augmenter. Un jour , il insinue à l'abbé de V** le désir qu'il avoit d'être présenté à M. de Jar**, et lui fit sentir qu'il pouvoit lui-même lui rendre ce service. M. de V** lui dit qu'il s'y prêteroit volontiers , mais que la protection directe dont l'honoroit M. de Jar** avoit engagé ce prélat à s'informer de sa situation personnelle ; qu'il s'étonneroit par conséquent de le voir s'occuper des autres , tandis qu'il ne devoit songer qu'à lui-même. Notre héros , frappé de la justesse de ces observations , changea adroitement de matière.

Le lendemain, l'abbé de V** , lorsqu'il arriva chez lui comme à l'ordinaire , lui dit gaiment : « J'ai réfléchi à notre conversation d'hier ; puisque je ne puis , par un intérêt juste et personnel , vous présenter moi-même à l'évêque d'Or** , et que je sens de quelle utilité ce prélat vous seroit, si vous en étiez connu , voici cent louis : M. de Jar ** a des alentours ; vous avez de l'esprit , de l'adresse , du savoir-faire , et cette modique somme peut vous faire parvenir aisément jusqu'à lui ». L'abbé de V** , sans attendre les remercîmens de son protégé, sembla ne plus s'occuper de cette affaire ;

B

mais il amena la conversation sur les intri-
gues de cour et sur la chronique scanda-
leuse des courtisans. Il toucha légèrement
quelque chose de la liaison de M. de J***
lui-même avec Mlle. Gui*, célèbre danseuse de l'Opéra. Il apprit à notre héros que
depuis quelques semaines il y avoit un
prieuré vacant en Picardie, et lui fit en-
tendre qu'avec des soins et de la souplesse
il réussiroit peut-être à l'obtenir.

Cette conversation et les cent louis furent
pour le jeune Maury un trait de lumière.
Les amours de M. de J*** et de Gui* ne
lui avoient point échappé ; mais la souplesse
et les soins étoient pour lui des moyens
trop vulgaires : il osa concevoir un projet
digne de son audace et de son ambition.

Il s'affuble de tout l'attirail de nos abbés
de cour, et s'achemine vers le temple (1)
de la Terpsicore moderne. Ses cheveux ar-
tistement arrondis en forme d'auréole, son
teint vermeil et frais, ses yeux étincelans
d'esprit et d'espoir, son nez au vent, sa dé-
marche altière, tout annonce à Gui* plutôt
un rival audacieux de l'évêque d'Or**,

____

(1) Ce n'est point une métaphore ; tout le monde
connaîtra la superbe demeure de Mlle. Gui*.

qu'un protégé timide qui vient implorer ses
bontés, et, pour la première fois, puiser à
la source du pactole de l'église. — Puis-je
savoir, Monsieur, ce qui me procure l'honneur de vous voir ? — Pouvez-vous le demander, Madame ? Les hommages des mor-
tels et des dieux ne vous sont-ils pas réser-
vés ? — Mais encore, M. l'Abbé, à qui ai-je
l'honneur de parler ? — Vous connoissez
trop le monde, pour ne pas deviner, à l'ins-
pection d'un homme, de quelle trempe il
peut être. Qu'il me suffise de vous dire que
M. de J *** est mon ami, et qu'il me joue
un tour perfide. — Comment donc, Monsieur ? (Et ils s'asseyent.) Gui * continue :
Je serai vraiment enchantée d'en empêcher
l'effet. — L'évêque d'Or *** m'avoit promis,
pour un de mes protégés, un petit prieuré
de 7000 livres, vacant en Picardie ; et voilà
qu'il me déclare aujourd'hui que vous en
avez disposé. — Il est vrai que j'ai parlé
pour un jeune abbé bien intéressant, bien
malheureux, qui m'a été puissamment recommandé. — Votre protégé, Madame,
l'emporte dès cet instant sur le mien même,
et je vous supplie d'agréer pour lui ces deux
rouleaux : c'est la seule vengeance que je
prétends tirer de l'avantage que vous deviez

bien justement emporter sur moi. Gui * ne fut pas dupe de la générosité de l'abbé, et sentit qu'il marchandoit adroitement le prieuré. — L'amitié qui vous unit à M. de J ***, sa promesse, sont des motifs trop puissans, pour que je mette aucun obstacle à vos désirs. (L'abbé plaçoit les rouleaux sur la cheminée.) — Comment, Madame, vous auriez la bonté . . . ? — Je respecte trop M. de J ***, pour lui faire manquer à sa parole. — Il seroit plaisant, mais très-plaisant, que l'évêque d'Or ** crût ne servir que vous en n'obligeant que moi, et qu'il ne fût instruit de notre intelligence qu'après le travail. — Cela seroit délicieux (après une légère réflexion), mais cela n'est pas difficile ; le porte-feuille est ici, le travail se fait aujourd'hui : tenez, voilà, je crois, la feuille ; inscrivez votre protégé, et venez ce soir souper et rire avec moi de la surprise de M. de J ***.

A peine le nom de Maury étoit-il sur la feuille, que le bruit d'une voiture pique la curiosité de Gui * ; elle vole à la fenêtre, et reconnoît celle de son amant. Quoi, dit l'imperturbable abbé, au lieu de surprendre, nous serions nous-mêmes surpris ! Vous ne le souffrirez pas, Madame ? Je ne puis sortir sans rencontrer M. de J***; et tout en disant cela, il se précipite dans le cabinet de toilette de la danseuse, sans attendre sa réponse.

Le prélat entre. Jolis propos, doux complimens, tendres caresses, pendant près d'une demi-heure, font sentir au nouveau prieur ce qu'il en coûte pour acquérir les biens de l'église. Enfin M. de J*** prend le porte-feuille, part pour Versailles, et délivre notre prisonnier. Gui* rioit encore du tour malin qu'elle venoit de jouer à l'ami supposé de l'évêque, et feignoit de ne rire que de la surprise que le jeune Maury ménageoit à M. de Jar** après le travail. Mais notre héros méditoit sa vengeance. — Après les bontés, madame, que vous avez eues pour moi, j'ose encore vous demander une grace (les rouleaux étoient sur la cheminée, et l'abbé les reprenoit). — Quelle est-elle, dit G* tremblante et furieuse de l'action hardie de l'abbé? — C'est de permettre que je remette moi-même à votre protégé ce léger dédommagement. Je veux absolument le connoitre, le servir. — Mais, monsieur ! — Vous m'accorderez cette dernière faveur ; et puisque

vous paroissez me la refuser, M. de J***
se joindra ce soir à moi pour vous la demander. Il se coule dans l'antichambre,
et s'esquive. G* veut en vain le rappeler,
son bonheur et son adresse lui donnoient
des ailes.

Notre héros avoit judicieusement com-
pris qu'il pouvoit tout oser, et que ni la
maîtresse de l'évêque, ni l'évêque lui-même,
ne se permettroient de se plaindre de lui
après le joli spectacle qu'ils lui avoient donné.
Effectivement M. de J***, instruit, dès le
soir même, de l'aventure, en rit beaucoup,
et pronostiqua que le prieur ne pouvoit
manquer d'aller loin avec de si heureuses
dispositions. Il ne se trompoit pas ; le chemin rapide et brillant que M. l'abbé Maury
a fait, emporteroit un nombre infini de détails, que les curieux trouveront dans l'édi-
tion de ses mémoires, qu'on prépare en trois
volumes *in-folio*. Nous nous contenterons
de donner ici le tableau exact des travaux
de M. l'abbé Maury, et de ses biens immenses.

TABLEAU *des travaux de M. l'abbé Maury,
et de leur produit.*

	Produit.
Pour l'espièglerie ci-dessus, un prieuré de 7,000 l., ci..................................	7,000 l.
Pour sermons, oraisons funèbres, prononcés par l'évêque de G** (1), un brevet de prédicateur du roi, et 3,000 l. d'appointemens, ci...............................	3,000
Pour des ouvrages attribués à plusieurs grands seigneurs, et les éloges de plusieurs philosophes, une prébende de 2,000 l., ci................................	2,000
Pour plusieurs discours de réception à l'académie, le fauteuil, ci................	(o)
Ecrits contre les philosophes, réquisitoires contre Voltaire, Rousseau, et Raynal, le gain d'un procès qui lui a assuré un second prieuré de 3,000 l., ci...........	3,000
Préambules d'édits, d'arrêts du Conseil, lettres patentes, etc., un abbaye de 15,000 l.	15,000
Rédaction des mémoires de M. de Calonne et de ses discours, une abbaye de 36,000 l.	36,000
Comme limier et mouche d'un autre ministre, une autre abbaye de 15,000 l., ci....	15,000
Pour tous les discours des lits de justice et des séances royales, une pension de 12,000 l. sur les économats, ci................	12,000
TOTAL......................	93,000 l.

____

(1) Cet évêque avoit reçu un coup de pied de Vénus. Louis XV dit plaisamment alors : Que ne restoit-il dans son diocèse !

Une fortune comme celle-là eût sans doute
borné les vœux d'un homme moins supérieur
que M. l'abbé Maury ; mais il étoit trop
philosophe, pour négliger d'en justifier la
possession par un rang éminent. Il vouloit
être évêque. Ceux qui le connoissent bien ,
s'accordent à dire qu'il ne briguoit cette
dignité que pour l'édification des peuples ,
comme il n'a accepté depuis , que pour
leur défense , l'honneur de représenter à
l'assemblée nationale. N'anticipons point
sur les événemens. Avant d'être évêque ,
il falloit être noble, afin que personne n'eût
rien à dire. Cela n'étoit pas difficile : quand
le chemin est court , on arrive promptement. Chérin est appelé. Le généalogiste
imagine aussi-tôt la mission dont on va
le charger; en homme habile, il se prépare. Notre héros lui fait connoître ses
désirs , mais avec finesse , et de manière
d'abord à ne lui laisser entrevoir qu'une
partie de ses desseins. Chérin , qui croyoit
que le plus beau fleuron de la couronne
d'un homme de lettres , étoit de descendre
de quelque homme fameux dans la litté-
rature , n'hésite point de lui prouver qu'il
descend en droite ligne de Moréry , et
que la corruption du langage a entraîné

dans les titres la suppression de la syllabe
médiante. Oui, dit l'abbé, si Moréry descend de Thomas Morus, chancelier d'Angleterre, à la bonne heure. Chérin com-
prit que l'abbé prétendoit s'enter sur cette
souche angloise ; et afin de ne point se
démentir lui-même, il établit l'arbre gé-
néalogique de manière que de Thomas Morus il fit descendre Moréry, et qu'il fit
toujours descendre notre héros de Moréry.
Les choses s'arrangèrent ainsi. Voici l'é-
cusson qu'il lui composa. « De gueule au
lampas d'or, écartelé de trois frélons, au
fond de sable, et pour supports, un re-
nard et un singe, avec ce cri d'armes :
Et fide et moribus ».

Richesses, faveur, naissance, tout as-
suroit l'élévation prochaine de M. l'abbé
Maury.

La grandeur de certains hommes feroit
presque croire que la fortune a des yeux.
La faveur qu'elle leur accorde pendant
une longue suite d'années, semble prouver qu'un grand mérite et des talens réels
ont droit de la fixer ; mais l'infidéle compte
pour rien les applaudissemens ou l'impro-
bation des hommes, et change en riant
leur espoir en regret. Elle ne put cepen-

dant , pour la seconde fois , frapper sans honte l'abbé Maury : afin de diminuer en quelque manière la force de ses coups , elle en partagea l'horreur sur la France entière. Il ne falloit pas moins que les ruines de toutes les corporations, que les débris du gouvernement, pour couvrir la chute de ce colosse imposant. Sans nous attacher à le suivre pied à pied dans la belle défense qu'il a constamment faite jusqu'à ce jour , terminons cette histoire par le récit rapide de ce grand événement.

Les ministres avoient été proscrits. M. l'abbé Maury avoit perdu en eux ses principaux appuis. Il ne les suivit point dans leur disgrace ; et il ne lui appartenoit pas en effet d'imiter ces esclaves qui s'ensevelissent avec leurs maîtres. Déjà la convocation des états généraux étoit annoncée. Quand une noble ambition ne lui auroit pas inspiré le dessein d'y représenter , il eût été porté à cet honneur par le vœu du haut clergé , qui plaçoit en lui toutes ses espérances. Il vole à Péronne sa patrie , et l'unanimité des voix le met bientôt au rang de nos législateurs. On sait avec quel ardeur, quelle énergie il a défendu les droits

du peuple. Il n'est pas une seule discus-
sion où il n'ait employé toute son éloquence; pas un décret qui ne lui ait fourni
occasion de prouver son patriotisme. Bro-
cards, pamphlets, caricatures pleuvent de
tous côtés contre lui; il n'en est point
ému. Inaccessible aux traits du ridicule,
il brave avec le même front qui devoit
un jour honorer la mitre et peut-être la
tiare, le mépris et l'indignation de la mul-
titude. Nul danger n'étonne son audace,
pas même le redoutable tribunal de la lan-
terne. Si cet esprit de terreur, qui mit en
fuite les *Mounier*, les *Tolendal*, le fit
disparoître quelques instans, il revint
bientôt plus fier et plus hardi. C'est alors
qu'il devint l'admiration de son parti, et
quelquefois l'étonnement de ses ennemis.
Son génie échauffa tous les esprits de sa
secte, exalta les têtes des Broglies, des
Favras, des Maillebois. Si leurs entreprises
ont échoué, ses espérances ne sont pas
détruites.

Si fractus illabitur orbis,
Impavidum ferient ruinæ.

Il intrigue plus que jamais : son dernier
vœu, dit-il, est de s'ensevelir, comme l'a-
veugle Samson, sous les ruines du temple,

et d'écraser avec lui les Philistins. C'est du moins une imprécation qui lui est échappée dans un moment de désespoir; mais rendu à lui-même, il a conçu un projet plus grand et plus digne de lui. A l'exemple du célèbre Pierre l'Hermite, il se propose d'aller prêcher une croisade contre la France. Il doit incessamment franchir les Pyrénées pour cette fameuse mission. La Castille, l'Andalousie, l'Estremadoure, tous les pays illustrés par les voyages de Figaro, Naples, Cicile, Rome, Venise, la Sardaigne même et la Suède, la Prusse, peut-être l'Angleterre, si l'on en croit M. Burche, tous ces peuples se réuniront contre la France à la voix de notre héros.

F I N.

De l'imprimerie de J. GRAND, rue du Foin-Saint-Jacques, n°. 6.